北欧男子制服コレクション

石井理恵子

はじめに

　私は、海外に行くたびに、各国の個性をあらわしている服装が気になります。特に、伝統と規律に守られた、独特のスタイルを持つ制服に惹かれるのです。

　今回は、北欧・スカンディナヴィアで、気になる制服・伝統衣装をいくつか集めました。なかでも、紹介する制服のメインとして取り上げた衛兵の制服は、立憲君主制の国＊でなければ見ることができない、というひとつのくくりがある点で特に気になる存在です。そのため、紹介するのは、王室とその警備をする衛兵が存在するスウェーデン、デンマーク、ノルウェーのみとしました。

　本書を制作するにあたりスウェーデンの資料を見ていたところ、「軍服は、それぞれの時代のファッションの理想形を語るとともに、軍隊の規格化について伝える歴史的資料」という一文や、「コーティ（尾のような裾のついた短いコート）は戦場での着用には向かなかったものの、ヨーロッパの18世紀末のファッションの最高形だったという理由でスウェーデン軍に採用された」という記述がありました。私が、とりわけ軍の儀礼用の制服に惹かれる理由がわかった気がしました。個人的には紛争地での任務に適した現代の軍服には、その目的も含め、興味は持てません。ですが、ファッション作品としての儀礼用の制服、軍服の完成した形はとても魅力的なのです。

　さて、最初の取材は、2010年のスウェーデン、ヴィクトリア王女の結婚パレードでした。今や王女にはかわいい赤ちゃんが誕生していて、本が完成するまでに、あまりに時間が早く過ぎてしまったことに驚いています。これまで英国関連の制服本を何冊か出版してきましたが、今回は英語圏の国に比べて資料が集めにくく、苦労した点もありました。それでも撮影、翻訳、資料提供など、何人もの方にご協力いただいたおかげで、なんとか形にすることができました。

　ここに、改めて感謝の気持ちをあらわしたいと思います。

＊ヨーロッパの立憲君主国（スカンディナヴィア3国以外）
　英連邦王国（英国）、オランダ王国、スペイン王国、ベルギー王国、アンドラ王国、モナコ公国、リヒテンシュタイン公国、ルクセンブルク大公国。
　スカンディナヴィア半島にありますが、フィンランドは共和制国家です。

Contents

Sweden
スウェーデン

008　王室警護

038　ウエディングパレード

048　警察

052　民族衣装

Denmark
デンマーク

062　王室警護

074　警察

076　ドアマン

078　チボリ公園スタッフ

Norway
ノルウェー

086　王室警護

094　警察

098　民族衣装

102　鉄道員

Columns

- 026 　新旧さまざまな軍服が見られる博物館
- 058 　スカンセン野外博物館
- 060 　ストックホルムの旧市街、ガムラ・スタン
- 072 　ローゼンボー宮殿
- 082 　チボリ公園の少年楽団
- 084 　街で見かけた衛兵アイテム
- 101 　デパートの民族衣装売り場
- 108 　ルクセンブルクの衛兵

［撮影］
滝川一真：P1, P38-39, P40上, P41, P42左下, P43-44, P45上・中・右下
P46, P47右上・中, P48, P49左上・左下・右下, P50, P62, P63左上・中・下
P64-69, P74, P75左上下・右, P76, P77右上・下, P102-107

林奈々子：P12上, P18中・下, P19下, P20-24, P52-57, P87右上
P90上・右下, P97左上

桑野明子：P18上, P19上, P70-71

石井理恵子：P6, P8-11, P12中・下, P13-17, P25-27, P40下, P42左上
P45左下, P47下, P49右上, P51, P58-60, P63右上, P72-73, P75右下
P77左上・左中, P78, P79中・下, P80-81, P84, P86, P87左上・左中・下
P88-89, P90左下, P91-96, P97右上・下, P98-101, P108-109

006

Sweden
スウェーデン

The Royal Guards
王室警護

昔のライフガーズは騎兵隊と歩兵隊に分かれていましたが、現在は統一され、全員が同じ任務に就いています。しかし、それぞれの伝統を汲んだ制服は健在。

ストックホルムにある、小島にあるのがガムラ・スタン。

✚ 王宮を守る、鮮やかなブルーの制服

　ストックホルムの人気スポット、ガムラ・スタンには王宮があり、1523年以来、ロイヤルガーズが警護しています。ロイヤルガーズは、おもに陸軍のライフガーズ（近衛連隊）が務めています。王室の式典などでの任務は、そのなかのザ・ガーズ・バタリオン（The Guards Battalion）と呼ばれる部隊のもので、騎兵の制服を着る衛兵と、歩兵の制服を着る衛兵がいます。海・空軍も王室警護をしますが、ごく短期間に限られています。

王宮には5カ所、ロイヤルガーズの立つボックスがあります。

Sweden / The Royal Guards

制服のボタン。スウェーデンのシンボル、
3つの王冠があしらわれています。

肩の部分にもボタン。
現国王カール16世グスタフの
イニシャルがあしらわれた
バッジも。

美少年!? と思うような、
きりっとした女性の衛兵をときどき見かけます。

腰にサッシュを巻いた衛兵のほうが、ランクが上のようです。胸には勲章が。

王宮からは、海が見下ろせます。

ロイヤルガーズは、50〜60人で編成されています。
ガムラ・スタンの王宮と、王室の居城となっているドロットニングホルムで警護を行っています。

王宮と王室の警護を務めるロイヤルガーズは、1523年に国王によって創設されました。

Sweden | The Royal Guards

伝統的騎兵の制服に任務に就くライフガーズ。
ロイヤルガーズは、王室警護の兵士の総称です。

王宮の周囲5カ所にある、
ガーズ・ポストと呼ばれる
ボックスの前に立つロイヤルガーズは
日中いつでも見られますが、
規模の大きい衛兵交代は、連日12:15に
(日・祭日は異なります。P110参照)
スタートします。

015

ロイヤルガーズの交代式を行う衛兵は、日によって騎兵の場合と歩兵の場合があります。

馬の鞍にも
現国王の象徴が。

騎兵の軍楽隊。馬上で両手を離さないと
演奏できない楽器もあるため、
馬は非常によく訓練されています。

軍楽隊の制服は、肩の部分に白いラインが入っています。

軍楽隊の制服にも大規模パレード用、小規模パレード用、通常勤務のものがあり、
ヘルメットには房の有無など、微妙な違いが見られます。

軍楽隊は何種類もあります。
「The Central Band of The Swedish Army」
「The Royal Swedish Navy Band」
「The Swedish Mounted Band of
The Royal guards」
「Royal Swedish Navy Cadet Band」など。
ライフガーズの軍楽隊は、
「The Swedish Mounted Band of
The Royal Lifeguards」。

王宮警護中の陸軍の兵士。ライフガーズの歩兵で、騎兵とは制服が違います。
チュニックやズボンの色だけでなく、ヘルメットの色や形も異なります。

Sweden

The Royal Guards

20ページと同じ制服で、ズボンの色だけが違うバージョン。
夏の暑い日には白を着用するそうですが、その判断は当直の士官が行うそうです。

✚ 王室警護時の制服の違い

　銀色のヘルメットに、ブルーのチュニックがもっともポピュラーな、ロイヤルガーズの制服スタイル。ライフガーズ以外の兵士が警護に就くときは、各軍の制服で任務にあたります。本書に写真はありませんが、海軍はセーラーカラーの制服です。さらに、国賓の公式訪問や限られた特別行事のときは、黒い制服を着た近衛歩兵連隊が警護を務めます。キングス・ボディガードと呼ばれる国王専属の護衛兵もいるそうです。

警護中は、銃剣を携帯しています。

空軍の兵士も王宮警護を行います。ベレーにジャケット、白いベルトをしています。

ここでは紹介できませんでしたが、
水兵スタイルの制服を着た
海軍の兵士が王宮前に立ち、
警護をすることももちろんあります。

Sweden / The Royal Guards

空軍の兵士による、王宮警護と衛兵交代の儀式。
寒い季節は、膝丈のコートを着用します。

観光客が大勢いたため、衛兵交代見学者の
安全のためにロープが張られました。
儀式が終わって、片付け中の衛兵。

儀式に使用した旗を運ぶ衛兵。

この写真のライフガーズは、ロイヤルガーズの任務に就く兵士の馬の世話をする係。
馬の世話係は、ロイヤルガーズではないのだそうです。よく見ると、かぶっているのはヘルメットではなく帽子。

犬の散歩をするライフガーズ

　きりっとした制服姿の兵士と、嬉しそうにお散歩をする犬の組み合わせ。なんだか、微笑ましい姿です。王宮周辺で、このツーショットを見かけました。

　これは、ライフガーズが通常勤務（王室警護ではない）に就いているときのもの。銃の代わりに、手にしているのは犬のリードです。ロイヤルファミリーの犬の散歩も、ライフガーズの仕事の一環。ちなみにライフガーズは、軍用犬の訓練も大事な任務で、訓練センターもあるのだそうです。

Armémuseum
新旧さまざまな軍服が見られる博物館

軍事博物館には多くの制服が収蔵されており、制服にスポットを当てた展示も行います。展示内容によっては、ヨーロッパ・ファッションの一部としても見るべき制服が多数並びます。

その一部を28ページから紹介します。

　スウェーデンで、軍服を見るのにおすすめなのが、ストックホルムにある軍事博物館です。ここでは、スウェーデンの戦争と軍隊の様子を、歴史を追って見ることができます。

　この博物館は、総計で11万点もの収集品を収蔵しています。17世紀から20世紀にかけての兵卒ならびに、将校軍服のコレクションは1万点以上の衣類で構成されているというから驚きです。もっとも古い収集品は17世紀後半のもので、大部分は19世紀から20世紀のものだそうです。現在着用されている軍服も美しいですが、20世紀以前の上級士官のディテールに凝った軍服も素晴らしいです。

　軍事博物館は、もともと1879年に大砲博物館として開館し、軍服や大砲を展示していました。当時、博物館のある施設内には兵器工場や、試作品の祖型を保管するための部屋がありました。その後、保管室は博物館に造り替えられ、1932年には展示室を拡大し、運営機関が現在の名前である「軍事博物館」と名づけました。

　1879年に開館した時点では、軍服のコレクションは控えめなものでしたが、長い年月のあいだに増えていきました。収集品のなか

には、かつて国王オスカー2世（治世1872－1907年）が着用した陸軍大将の制服もあります。長年に渡って、多くの将校や将官、佐官の妻など、個人またあらゆる連隊、スウェーデンに勤務した外国大使館付き武官の方々からさえも、その制服が軍事博物館に寄贈されました。

スウェーデン以外の軍服も収蔵されていますが、これらの収蔵品は、スウェーデンが自国の軍服のためのインスピレーションをヨーロッパ各国から得ようとしてきたことを示しています。

> **軍事博物館**
>
> 　スウェーデン陸軍の制服といっても、常設展示されているのは、膨大な数のうちのほんの一部です。ウェブサイトで特別展をチェックしたり、博物館に問い合わせてみたりすれば、制服の展示について確認できます。
>
> 　また、一部の軍服は、売店で購入も可能です。
>
> ● ウェブサイト（スウェーデン語／英語）
> http://www.armemuseum.se

INV 15470

博物館に所蔵されている制服のなかでは、最古の部類に属するもの。ジュストコールと呼ばれるコートです。博物館にはこれを含め、同年代とみられる同じタイプのコートが4点所蔵されています。その由来には謎が多く、カロレアン軍（カール11世の率いた軍）の制服のモデルとして使用するため、1670年代にフランスから持ち込まれたという説もありますが、いまだにフランス製なのか、スウェーデン製なのかは不明。

Armémuseum

INV 15493

歩兵隊所属テネメント兵士（終身地位保障された兵士）用のコート。標準型。ブルーとイエローのスウェーデン製ブロードクロス地を使用しています。裏地は、イエローのラシャ（フェルトに似た生地）、袖には麻の裏打ちがされています。

INV 23867

ジュストコールとも呼ばれる、連隊下士官用の
ロングコート。18世紀にはもっとも一般的なも
のでしたが、このタイプのスウェーデン製の制
服では、最後のモデルとなりました。コートは、
スウェーデン陸軍が、18世紀の大半を通じて着
用していました。

Armémuseum

INV 138327

軍楽隊員用のジャケット。民間の歩兵部隊のものとされています。ブルーとイエローというスウェーデンらしい配色で、イエローのラインは身ごろと袖に配されています。よく見ると、イエローのラインにはさらに白とブルーの細いラインが入っています。

INV 24884

ウップランド（Uppland／地名）連隊憲兵用の
ジャケット。厚手のブロードクロス地でできて
いて、毛糸で編まれたモール（組紐）がついてい
ます。ブルー地に、白の襟や袖口のコントラス
トが目を引きます。胸元のモールも華やかです。

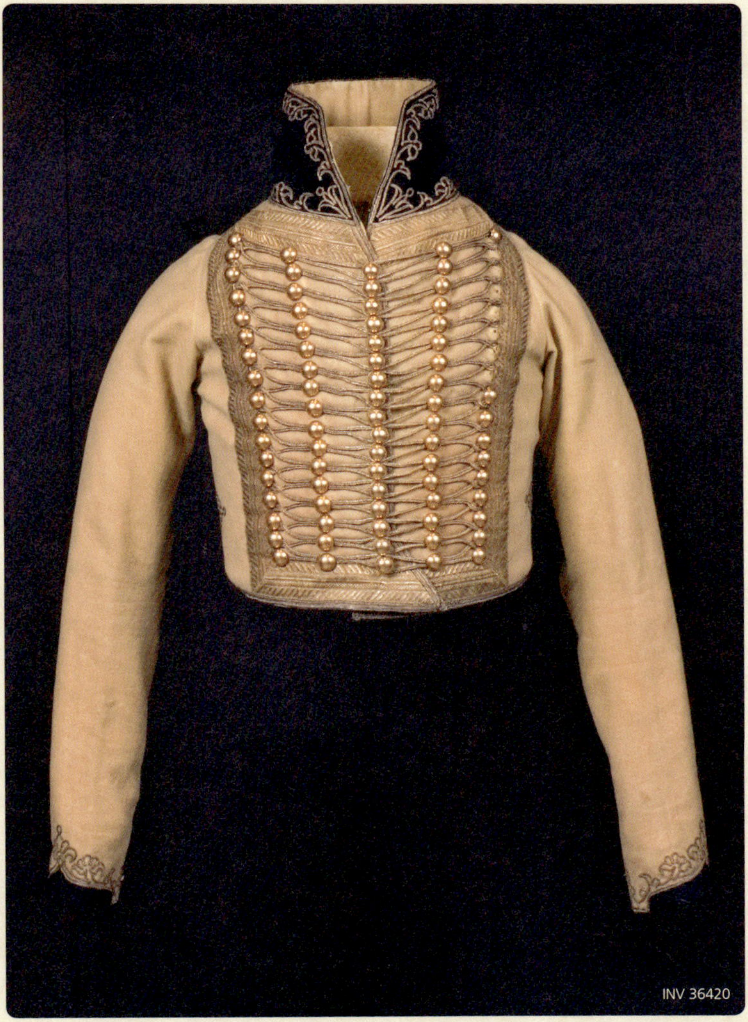

Armémuseum

INV 36420

19世紀初期のものとされている、将校用ドルマン。ドルマン型の上着は、軽騎兵独特の上着で、胸のボタンを連結するモール（組紐）が特徴です。ハンガリーの民族衣装から、インスピレーションを得たといわれています。

All images on page 32-33 ©Armémuseum

INV 23057

コーティは、尾のような裾のついた短いコートのことです。戦場での着用にはまったく向かなかったものの、18世紀末のヨーロッパ・ファッションの最高形だったという理由から、スウェーデン軍に採用されました。この写真のスヴェーア（Svea）近衛連隊兵士用コーティは、肩章付きの標準型。18世紀後半から1840年までのあいだ、もっとも普及していた軍服でした。

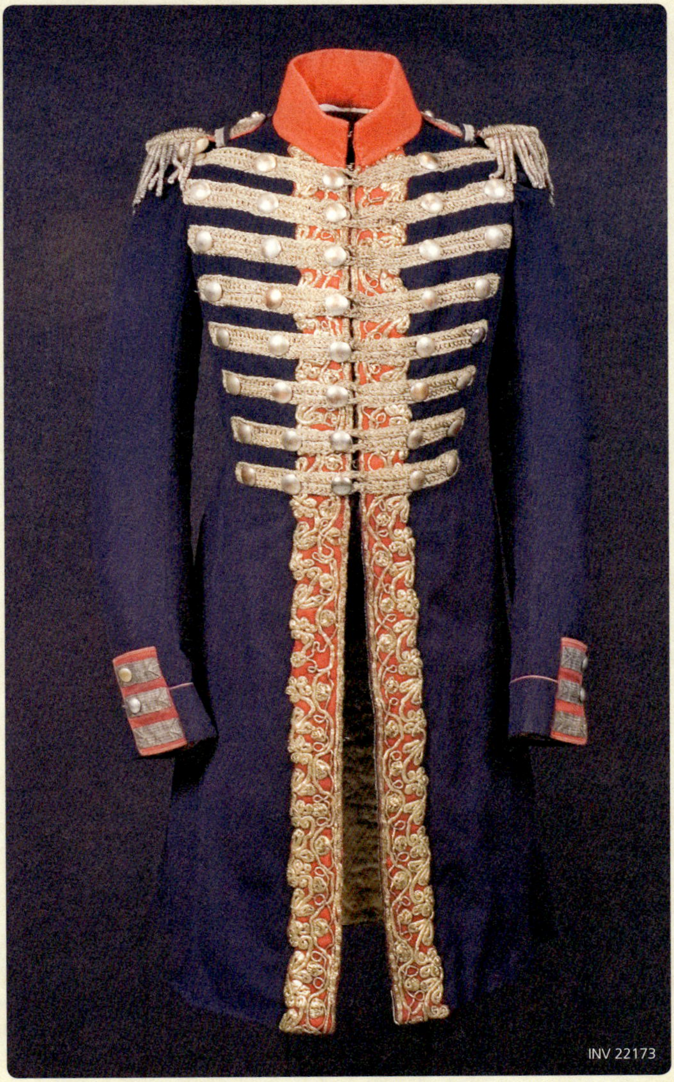

Armémuseum

INV 22173

19世紀半ばに作られたと思われる、近衛歩兵連隊付軍楽隊長（ドラムメイジャー）用の長いコート。赤い詰襟が印象的で、縦に配した赤地に金色の美しい刺繡が特徴です。この刺繡は、後ろ身ごろにもあります。

INV 42827

スヴェーア（Svea）砲兵連隊兵士用、標準型のダークカラーのチュニック。最初に作られた近代的なチュニックで、詰襟と袖口には金色の太い2本のラインが入っています。

Armémuseum

INV 33512

ビギエシュは裾の長いコートで、胸部には地色と同じ色の典型的なモール（組紐）やタッセル（飾り房）、袖にも装飾が施されています。ビギエシュが騎兵の士官や下士官の制服になる以前は、これよりも地味な厚手のダブルボタン式のシュルトウと呼ばれるフロックコートを着用。1858年以降から、ビギエシュに替わっていきました。これは、近衛騎兵連隊中尉用。

Wedding Parade
ウエディングパレード

王女たちの乗る馬車を操る御者。王室所属の職員です。馬車を先導する騎兵や、その前後に騎馬警官もいます。

✚ 未来の女王の結婚パレード

　ヨーロッパ王室において、なによりハッピーで華やかな行事といえば結婚式！ 2010年6月、次期スウェーデン国王となるヴィクトリア王女の結婚式が行われました。スウェーデンでは、男女の別なく国王の第一子が王位継承権のトップ。ヴィクトリア王女は第一子で、未来の女王です。夫のダニエルさんは、王族ではなく一般人です。式の当日は騎兵、軍楽隊などとともに、新郎新婦を乗せた馬車が沿道を埋め尽くした市民のなかをパレードしていきました。

沿道の市民が、国旗を振ってふたりを祝福していました。

馬車のうしろにも、正装の男性がふたり乗っていました。

馬車のうしろに乗るのは、
英語ではフットマンと呼ばれます。
従者の役目をします。

パレードに登場した騎兵隊。
国家挙げての祝賀の日は、
いつも以上に
注目が集まりました。

Sweden Wedding Parade

ヘルメットの白い房は、国家行事など、大きなパレードのときにのみつけるもの。
胸のいくつもの勲章は、功労の多さをあらわします。選りすぐりのエリートなのでしょう。

沿道の建物からも、多くの市民が祝福を送ります。

ブルーの制服に、白馬が映えます。剣を右手に携えた状態でパレードを続けるのは、なかなかハードだと思います。

ストックホルムの広場では、
ビッグスクリーンでパレードや式の様子を中継。
それを見にきた人が、こんなに！

Sweden

Wedding Parade

久しぶりの結婚パレードの日に、
風にたなびくスウェーデン国旗。

043

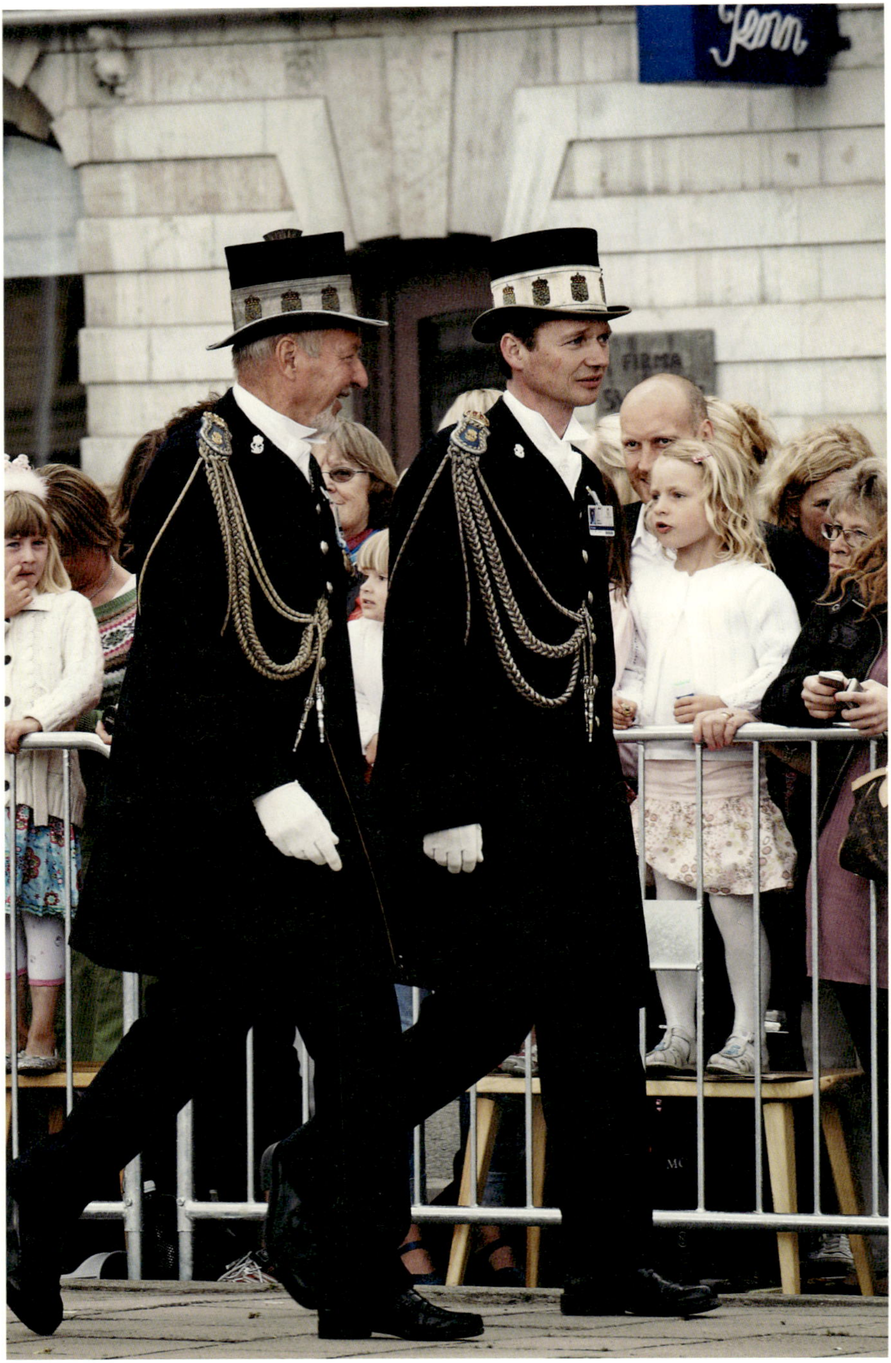
FIRMA

騎馬警官も、この日が安全で
幸せな1日であるように、注意を怠りません。

メディックは、赤に白のラインが入った目立つユニフォーム。
北欧とはいえ夏の暑い日、急病人対応に備えていました。

陸軍のライフガーズが、歩兵の制服姿で沿道を歩いていました。

軍楽隊は、陸海空それぞれにあります。

空軍所属の軍楽隊が演奏しながら進みます。

地方の市民警備隊も参加。

✚ パレードを盛り立てるロイヤルガーズ

　当日は、ロイヤルガーズの騎兵もより華やかなスタイルで登場し、各軍から集められた軍楽隊も堂々たる演奏をしながら行進。警察は、沿道の市民の整理・誘導担当と、警備をする騎馬警官とに分かれ、任務に就いていました。賑やかながらも整然と行われたためか、パレードは予想以上にスムーズで、馬車はあっというまに目の前を通り過ぎていきました。ちなみに、シンプルで美しいウエディングドレスは、スウェーデンのデザイナーの手によるものだそう。

スクリーンに大きく映し出された
美しい花嫁姿の王女に、
市民は魅了されていました。

Police

警察

ほとんどの警官はウエストベルトをしており、
拳銃、予備の銃弾、警棒、手錠、無線、
ノキアの携帯電話、催涙スプレー、
鍵と手袋を携帯しています。

気品漂う、騎馬警官の制服姿。手にはムチを持っています。

騎馬警官は乗馬スタイルのヘルメットをかぶり、
足元はブーツを履いています。

✚ 制服が青いのには理由が……

　スウェーデンは、日本でいえば都道府県にあたる21の地方行政区分からなり、同様に分かれた21の地方警察で構成されています。首都ストックホルム、ヴェストラ・イェータランド県、スコーネ県の警察には、騎馬警官の支部があります。また、スウェーデンの警察の制服は青ですが、青を使う理由は、この色が伝統的に権威をあらわすからだといわれています。昔は青の染料が貴重で、衣服に青を使うのは富や権力の象徴だったからだそうです。

パトロール警官には、
青いシャツが3枚（うち2枚は長袖）
支給されます。

049

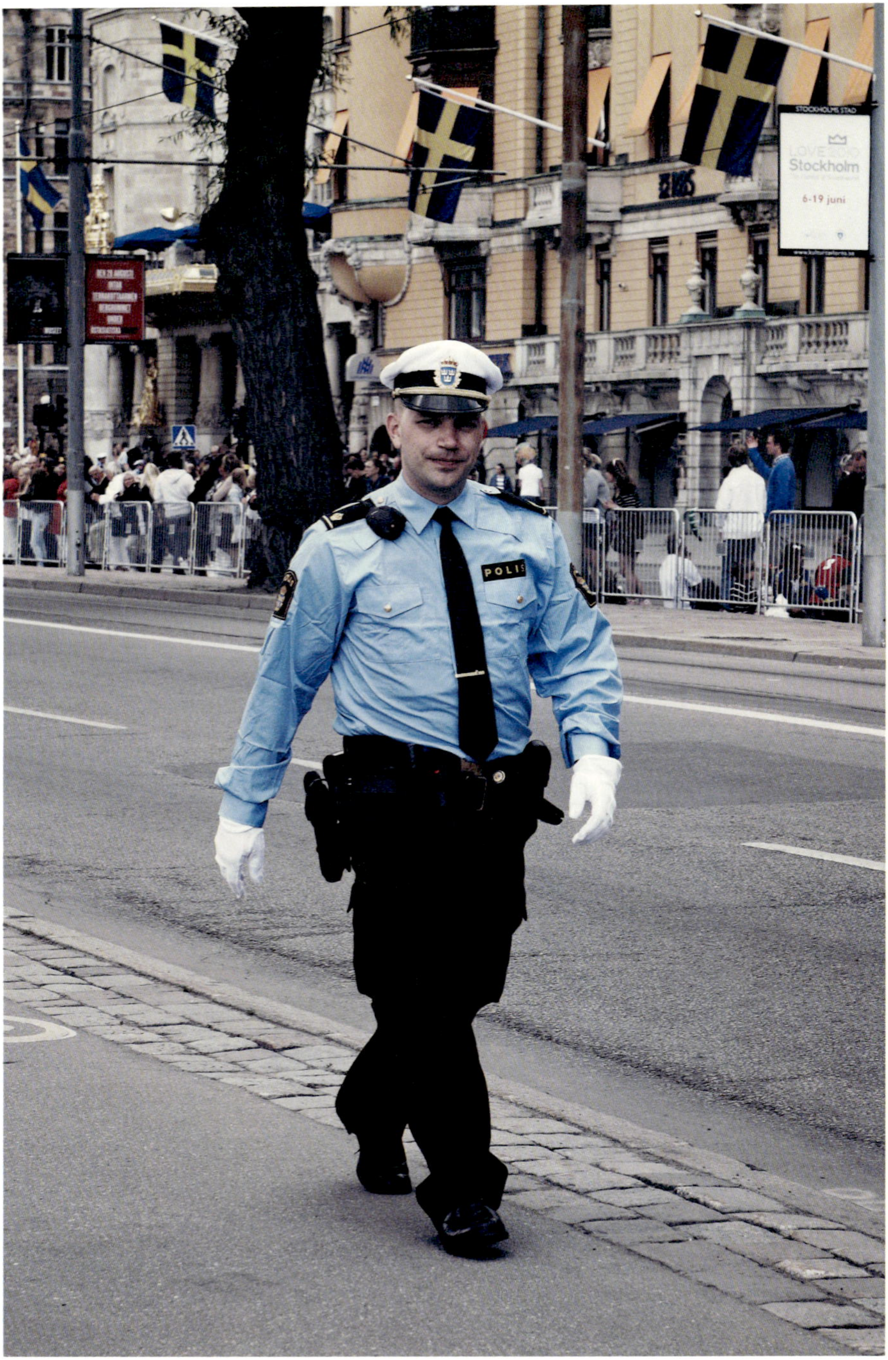
STOCKHOLMS STAD
Stockholm
6-19 juni
POLIS

Sweden | Police

スナップ留めになった
調節できる裾のズボンと
ブーツを組み合わせて履きます。

制服には、職種によってさまざまなバリエーションがあり、
天候によっても異なります。屋外勤務の警官は、決められた帽子をかぶり、
場合によっては3kgの重さがある安全ベストを着用するそうです。

パトカーも、スウェーデンらしい
配色になっています。
制服姿ではない男性は、
私服刑事でしょうか。

051

National Costume

民族衣装

Sweden

National Costume

ダーラナ（Dalarna）地方、
ガグネフ（Gagnef）の
男性の民族衣装。

民族衣装は、女性のほうが華やか。花の刺繡が愛らしい。

花や葉を飾りつけたポールを立てて、
その回りで踊ります。

✤ 民族衣装を見るなら夏至祭へ

　スウェーデンで民族衣装を着た人を見るなら、スウェーデンの風物詩、夏至祭に行くのがおすすめです。なかでも、ダーラナ地方の夏至祭は有名で、スウェーデン語でフォルクドレクト（Folkdräkt）と呼ばれる民族衣装を身に着けた、多くの老若男女が賑やかにダンスをするのが見られます。民族衣装は、ダーラナ地方を含む、各地方の町や村で少しずつデザインが違います。また、地域にこだわらないデザインのものもあります。

子どもがいちばん似合うかも？

ベストとハイソックスの色を合わせてシックに。

手首には丸いポンポン状の飾り。

膝の脇にも、同タイプの飾りが。

古いものでは1700年代からの民族衣装もあるようですが、
オリジナルのデザインが残っているのは、1800年代のものが多いとか。

Sweden | National Costume

たっぷりのスカートに、ストライプや
花柄のエプロンが綺麗です。

左の女性が着ているのは
ダーラナ地方のスンドボーン(Sundborn)のもの。
ここの民族衣装は、スウェーデンの国民的画家
カール・ラーションの妻、カーリン・ラーションが
デザインしたものだそうです。

パパも赤ちゃんも、
赤が際立つ民族衣装で。

花柄のスカーフが目立ちます。 　ポーチも花柄。

055

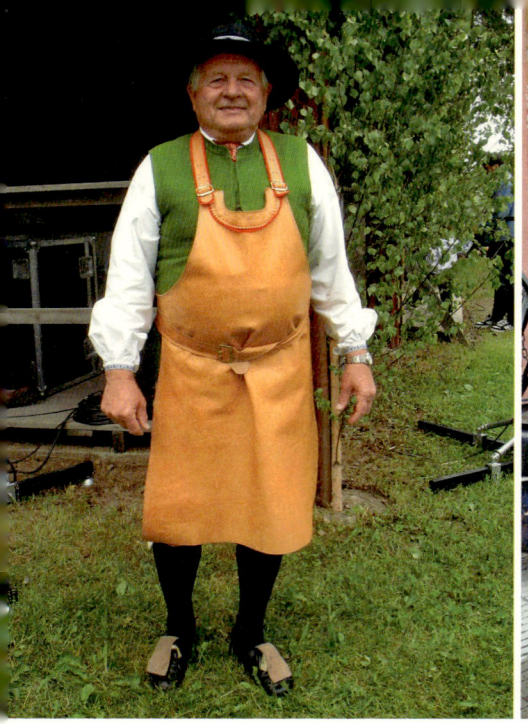

この男性は、ダーラナ地方モーラ（Mora）の
民族衣装を着ています。緑のベストが鮮やか。

ダーラナ地方のなかでも、特に伝統が色濃く残る
レクサンド（Leksand）の民族衣装。
帽子と長いジャケットが、いいコンビネーション。

この女性もレクサンドの出身。

お祭には、ヴァイオリンが欠かせません。

ヘルシンランド（Hälsingland）地方の民族衣装。
ボタンがずらりと並び、どことなく軍服風。

出身地によって、色づかいと柄が違います。よく見ると被り物も。
衣装の多くは、ウールとリネンで織られた生地です。

出身地に関係なく、誰でも着られるデザイン。
スウェーデンのイメージぴったりの色づかい。

男性はスモーランド（Småland）地方、
女性はゴットランド（Gotland）地方の衣装。
ゴットランドでは、女性のベストは
通常ウール生地なのですが、
彼女が着ていたのはシルク製なので珍しい。

COLUMN

スカンセン野外博物館

ダーラナ地方の
シンボル、
ダーラナホース。

薪の火で暖をとり、料理もする、昔の素朴な暮らしを再現。

古き良き時代の建物と衣装がここに

　スウェーデンの中心、ストックホルムにある人気観光アトラクションのスカンセン野外博物館。ここには、スウェーデン各地から集められた、14世紀以降の教会、学校、ファームハウス、マナーハウス、民家など、さまざまな建物があります。単に建物があるだけでなく、当時の暮らしぶりがわかるように室内がしつらえられているほか、各時代の衣装に身を包んだ人たちが建物の説明をしてくれます。その様子を見ていると、タイムスリップしたような気持ちになります。

　また、敷地内のベーカリーではその場で実際にパンやお菓子を焼き、ガラス工房ではガラス製品の製作実演を見せてくれ、それぞれでき上がったものを購入できるのも楽しみのひとつ。

スカンセンにはアヒルやカモ、
羊など、動物もあちこちにいます。

スウェーデンの伝統的なパンを焼いていて、
味見もさせてくれました。

昔の扮装をした男性。すごく背が高いので、
15〜16世紀の建物はちょっと窮屈そう。

石造りの、かやぶき屋根の家の前にいる
この女性に話しかければ、説明してくれます。

　ここでは折々に、さまざまなイベントが行われていますが、なかでも建国記念日や夏至祭では、民族衣装を着た人たちがたくさん集まり、カラフルで可愛いその姿にきっと魅了されるでしょう。さらに同じ敷地内には、スカンディナヴィアの動物を多く集めた動物園や水族館もあり、1日中いても飽きることなく楽しめます。

可愛らしい赤い外壁の木の家は、
今でも田舎で見かけるタイプの家です。

COLUMN

ストックホルムの旧市街、ガムラ・スタン

北欧の中世時代を思い起こさせる路地。

ノーベル博物館。

博物館のカフェで食べられる、ノーベル賞授賞式の晩餐会でデザートとして出されるものと同じアイスクリーム。

　スウェーデンの王宮があるのは、ストックホルムの観光スポット、ガムラ・スタン（Gamla Stan）。王室ゆかりの武器や道具を収蔵した武儀博物館、貨幣博物館、アンティーク博物館があるほか、13世紀に建てられた大聖堂やノーベル博物館もあり、見どころがたくさんあります。また、中世の趣を残す石畳の細い路地には、可愛らしいお店も並びます。王宮や衛兵交代の見学の前後に、ガムラ・スタンをのんびり散策するのもいいでしょう。

ガムラ・スタンの一角。
ベンチの向こう側に見えるのは土産物屋。

Denmark
デンマーク

The Royal Life Guards
王室警護

Denmark

The Royal Life Guards

アメリエンボー宮殿で、交代をする衛兵たち。
現在、衛兵が着ている警護の礼服は、
17世紀から3世紀に渡り進化してきた結果で、
パーツも徐々に変化してきたようです。

通常の衛兵交代で見られる熊の毛皮の帽子と青の礼服は、
1848〜50年と、1864年の戦争時に着用されていたタイプ。
同様の制服は、熊の毛皮の帽子なしで1940年にも着用されたとか。

✚ 行事によって異なるカラー

　デンマークでは、ロイヤル・ライフガーズ（王立近衛兵連隊）に属している中隊のガーズ・カンパニー（近衛中隊）が、首都コペンハーゲンにあるアメリエンボーやローゼンボー宮殿の警備を含む王室警護をしており、礼服のチュニックには、濃紺のものと特別時の赤いものがあります。所属する一等兵、二等兵はほとんどが徴集兵＊で、正規兵の軍曹や下士官が指揮にあたります。この部隊内で鼓笛隊が構成されていますが、それとは別に、吹奏楽の軍楽隊もあります。

熊の毛皮の帽子は、
重さが1.5kgもあるそう。

＊デンマークには男子にのみ徴兵制があり、一定の訓練を受けたのち、期限付きで兵役があります。　　063

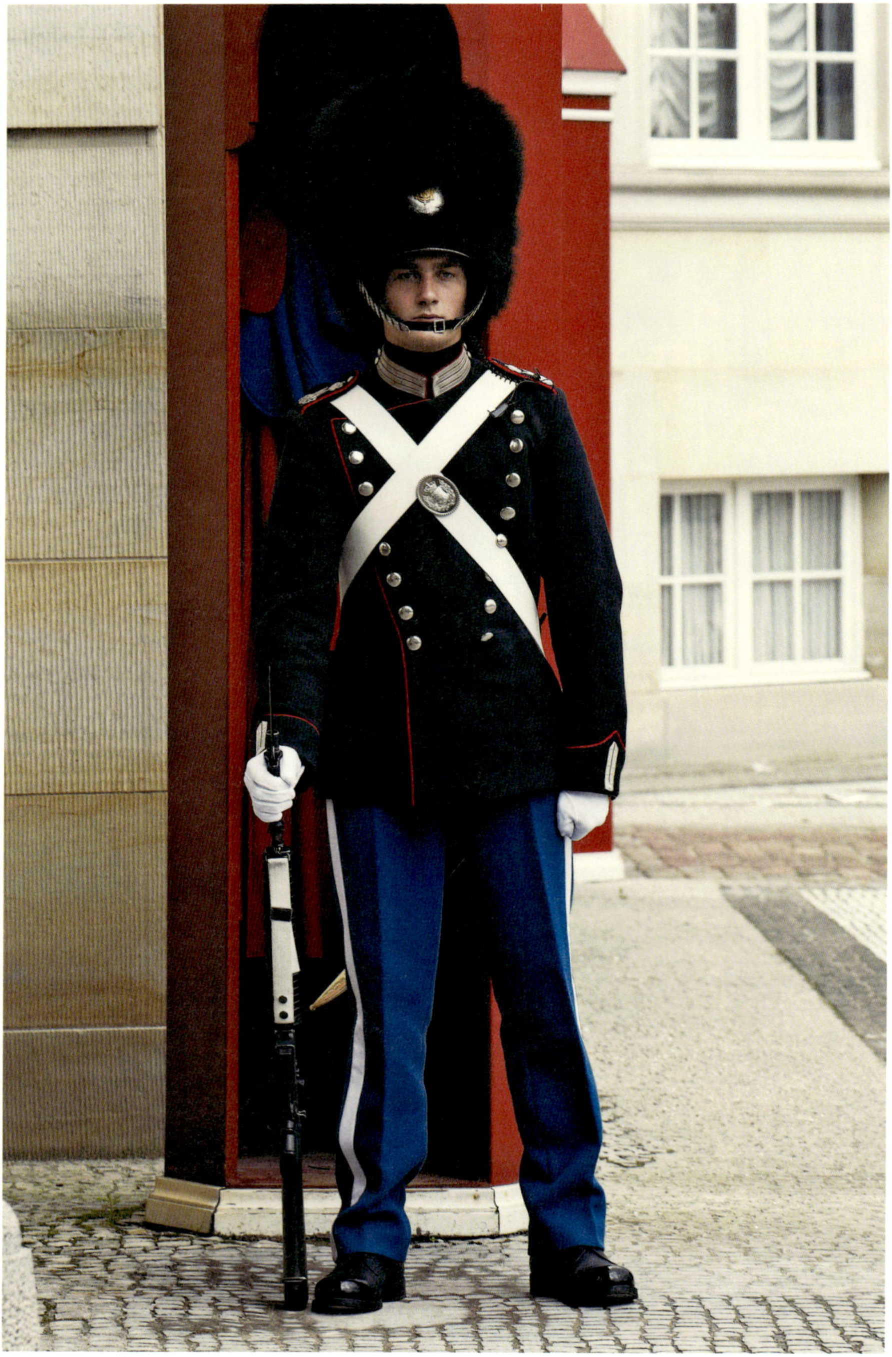

斜め十字に掛けているのは弾帯。
1957年に導入されました。

白の手袋が、ダークブルーの
制服に映えます。

衛兵のうしろ姿。2本の剣とポーチを提げています。
ポーチには、手榴弾をかたどった飾りと、
マルグレーテ女王の紋章が。

Denmark

The Royal Life Guards

065

ローゼンボーのバラック（兵舎）から
コペンハーゲンの市街を通り、
アメリエンボー宮殿までが、衛兵交代の行進ルート。
ローゼンボーからくる隊と、
交代してアメリエンボーへ向かう
隊の行進だけなら街中でも見られます。

Denmark

The Royal Life Guards

ロイヤル・ライフガーズは、王宮の警備だけではなく、戦闘部隊として前線での任務にも就きます。
近年では、アフガニスタンやイラクにも派遣されました。

067

隊列を崩すことなく通りを進む衛兵たち。

Denmark | The Royal Life Guards

ローゼンボーのバラック（兵舎）。観光客はここへは近づけないので、
遠くから眺めることになります。バラックは、ローゼンボー宮殿の裏手にあります。

デンマークの衛兵は、
この制服のイメージが強いです。

赤いチュニックの軍楽隊。

Denmark

The Royal Life Guards

赤い礼服に、ヘルメット姿の騎兵を見る機会は稀です。

コートを着た軍楽隊と衛兵。軍楽隊は特別な行事と、宮殿に女王もしくは
君主となる王室メンバーが滞在する場合に、衛兵にともなって行進します。

COLUMN

ローゼンボー宮殿

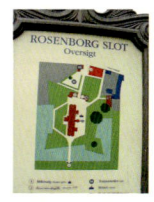

制服好きにも半日観光にもおすすめのスポット

　ローゼンボー宮殿はオランダ・ルネッサンス様式の建物で、美しい外観の宮殿内（地下には王家の財宝や刀剣類を展示した宝物殿もあります）の見学ができます。また、宮殿の前には、市民の憩いの場となっている公園があり、旅行者ものんびりくつろげます。

　ローゼンボー宮殿の裏手には衛兵交代の出発点となる軍のバラック（兵舎）があり、衛兵の姿を見ることができます。アメリエンボー宮殿は礼服の衛兵が警備していますが、それ以外のコペンハーゲンの城郭、バラックでの警備の任務は迷彩服（陸軍標準型）の制服を着用しており、ローゼンボー、バラックとも迷彩服の兵士が常駐しています。

ローゼンボー宮殿裏のバラック。

宮殿を正面から見たところ。

バラックを警備する若い兵士。

宮殿前に広がる公園。

宮殿脇の庭。

Police

警察

袖に王冠とライオンがモチーフの
国章がついています。

正式な制服ではネクタイを着用します。
ジャケットの肩には階級章がついています。

警察は、ノルウェーと同じく
ポリティ（POLITI）と呼ばれます。

✚ 国章が光るシンプルな制服

　デンマークの警察は12の大きな行政区に分かれ、それぞれ地区の警察長官が統括（ただしグリーンランドとフェロー諸島は、地元の警察署長が統括）。首都コペンハーゲンについては、規模の大きさと仕事内容から別編成です。ヨーロッパでは、わりと見かける騎馬警官はデンマークにはいません。かつてはいましたが、予算削減のため廃止に。デンマークの警官の制服は、国章付きのライトブルーのシャツに紺のズボンが基本で、気候により上にジャケットを着ます。

左がジャケットなし、右があり。

075

Doorman

ドアマン

Denmark

Doorman

ホテルのエントランス。

ホテルは、2013年5月にリニューアルオープンする予定。
制服は、できればそのままでいてほしいです。

子どもにも優しく対応するドアマン。

✚ 帽子がアクセントの品のいい制服

　ヨーロッパの格式あるホテルには、モダンなドアマンがいます。コペンハーゲン市内で見かけたのは、1755年創業の古い歴史を持つ、5つ星ホテル「ホテル・ダングレテール（Hotel D'Angleterre）」のドアマン。

　撮影時は初夏でしたが、袖口とポケットに、金色のラインが入った丈の長い上着を着用していました。リボンが巻かれた、グレーとベージュが混じったような淡い色合いの帽子が、とてもよくマッチしていました。

こんなお茶目なポーズも
とってくれました。

Tivoli Garden Staff

チボリ公園スタッフ

Denmark

Tivoli Garden Staff

チボリ公園の正面入口。園内には、独特のレトロ感が漂っています。　　　©Tivoli

78ページの男性のうしろ姿。
この制服がいちばんフォーマルなスタイル。

入場口の整理をしているスタッフ。
この男性は、スタッフジャンパーを着用。

✚ コペンハーゲンいちの人気スポット

　チボリ公園は、1842年に当時の国王の土地を借りて市民の娯楽のために造られた施設です。ヨーロッパでも有数の歴史ある遊園地で、子ども向けのアトラクションもいろいろありますが、アルコールを飲みながらくつろげるレストランや、季節によってはコンサートなどのイベントも開催されるため、大人も十分楽しめる場所になっています。ここで働くスタッフの制服は、どことなくシックで大人にも好印象の落ち着いた色合いで、安心感を与えてくれます。

園内の階段に、可愛い衛兵が！

お天気が気になる？ 公園スタッフ。

エントランスを抜けると、賑やかな通り道。ショップやカフェ、レストランなどが軒を連ねます。

外壁にはイラストで表現された「TIVOLI」の文字。

日本ではあまり馴染みのない、リコリス*のショップ。

*日本ではカンゾウとして知られる薬草。海外ではお菓子として好まれています。

観光客に園内の説明をするスタッフ。ジャンパーの背中には「TIVOLI」の文字が入っています。

園内ではビールを醸造していて、
できたてが飲めるレストランもあります。

昔も今も愛される、メリーゴーラウンド。
夜はライトアップされます。

Denmark

Tivoli Garden Staff

COLUMN

チボリ公園の少年楽団

少年たちの音楽パレード

　なんと、チボリ公園にも「チボリ・ボーイズガード（The Tivoli Boys Guard）」と呼ばれる衛兵がいます。チボリを見守る役割のため、1844年に創設された歴史ある存在です。チボリ・ボーイズ・ガードは現在、9歳から16歳までの100人を超える少年たちで編成されている楽隊。彼らのメイン・イベントは、サマー・シーズンの週末とハロウィンの季節に行われるパレードで演奏することです。

　赤いチュニックに、ブルーのラインが入った白いパンツを身にまとい、本物の衛兵さながらの黒い毛皮の帽子をかぶって颯爽と進む姿を見ると、思わず拍手を送りたくなります。

彼らは演奏も素晴らしく
人気があるため、
チボリ公園でのパレードのほか、
国内外のイベント出演の
機会も多いようです。

冬は金管楽器を演奏するには寒すぎるため、園内パレードはお休みなのだそう。

All images on page 82-83 ©Tivoli

COLUMN

街で見かけた衛兵アイテム

　デンマークの象徴的な存在だからか、コペンハーゲンの土産物屋には、たくさんの衛兵グッズが売られていました。それ以外にも、衛兵モチーフのアイテムをよく見かけます。ちなみに、私が宿泊していたホテルのエントランスにも、国旗を掲げた衛兵人形が宿泊客を迎えていました。

ディテールまで
こだわったフィギュア。

ひっくり返すと雪が降る、衛兵のスノードーム。

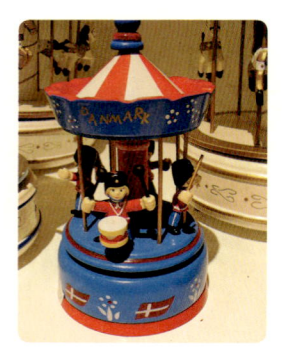

楽器を演奏する衛兵が
くるくると回るオルゴール。

チボリ公園で見つけた、
使用済みカップの回収ボックス。

衛兵のユニフォーム型子ども服。
チボリ公園のボーイズガードタイプと、
ロイヤルガーズタイプがありました。

Norway
ノルウェー

His Majesty's King's Guards
王室警護

Norway

His Majesty's King's Guards

制服は、夏も冬も同じものを着ます。

黒い山高帽の右側についている飾りは、バッファローの毛でできています。オリジナルは羽根飾りだったそうです。

ノルウェーの王室警護をする兵士は、ロイヤルガーズではなく、キングズガーズ（正式には His Majesty's King's Guards）と呼ばれます。

✚ すべては王のために！

　ノルウェーで王室警護を務める衛兵はキングズガーズと呼ばれ、陸軍の軽歩兵大隊に所属しており、王室と王宮、王室領、および歩兵部隊としてオスロの警護にもあたります。1856年にその歴史は始まり、彼らのモットーは「すべては王のために！」。第二次世界大戦中は、ナチスからロイヤルファミリーを守り抜いたという功績があります。現在、この部隊は7連隊からなり、順番に王宮を警護しますが、うちひとつは軍楽隊です。

帽子は意外と浅くかぶっています。

087

先頭を歩いているのは士官。ジャケットの肩章は金属製です。
士官以外の衛兵たちの肩章と房は、緑色です。袖の白いラインと赤いパイピングが印象的。

衛兵たちの背後にある黄色い建物はバラック（兵舎）。

Norway

His Majesty's King's Guards

パレードでも着用するこのダークブルーの制服は、
この大隊の結成当時からほとんど変わらないデザインだとか。

王宮は、オスロのメインストリートの
突き当たりにあります。

ガーズ・ポスト前の衛兵も交代。

衛兵交代の儀式は、オスロでもやはり観光客に人気。

王宮前で行われる衛兵交代式の様子。
土の上を歩く衛兵たちの、ザッザッという足音が聞こえます。

Norway

His Majesty's King's Guards

衛兵の背後、要塞の壁の向こうには海が見えます。

石畳の上をきびきびと歩きます。

✚ 見晴らしのよい要塞を守る

　ノルウェーの中心、オスロには、王宮のほかにも衛兵交代が見られる場所があります。それは王宮から徒歩圏にあるアーケシュフース（Akershus）要塞です。ここは衛兵がひとりで警備し、2カ所のガーズ・ポストを一定の間隔で頻繁に行き来する姿が見られます。

　この場所は海が見える眺望のよい高台にあり、要塞の内側にある城内見学もでき、博物館、インフォメーションなどもあるので観光客も数多く訪れます。

夏の暑い時期には、帽子のなかはかなりの高温になり、
また衛兵用の靴は軽いやけどを起こすほどとか。

この衛兵はトランシーバーを
装着していました。

093

Police

警察

繁華街を歩いても、意外に警官を
見かけることは少ない気がしました。

白バイのタンクには、国旗ではなく
国章がプリントされています。

白バイのジャケットは、蛍光イエローと黒のツートン。
ひざ下には白黒の格子のライン、ズボンの裾はきちっと留めてありました。

✚ POLITIがノルウェーの警察のしるし

　ノルウェーでは13世紀に保安官が任命されたとされていますが、制服のある最初の警察隊は1859年、オスロで誕生。街にいる警官の制服は、ブルーのシャツに黒いズボン、ひさしのある制帽スタイルが基本です。白バイの警官は背中にポリティと書かれたジャケットを着て、ヘルメットを着用。ほかに騎馬警官もいます。パトロール中は銃器は携帯していませんが、サブマシンガンやセミ・オートマチックのピストルなどはパトカーに保管されているそうです。

交番。わりと地味な造り。

騎乗勤務の訓練中でしょうか？
すぐ近くに、警察の乗馬訓練センターがありました。
ヘルメット、ブーツとジョッパーズ姿が
騎馬警官の通常スタイルです。

馬の彫像の奥が乗馬訓練センター。

乗馬訓練センターの内部。

オスロ市内。路面電車が走っていて、車は少なめ。

「POLITI」と型押しされた革バッグ。

夏の暑い時期だったからか、
黒のポロシャツを着ている警官も。

Norway

Police

ポロシャツとはいえ、しっかり国章入り。
騎馬スタイルなので、ヘルメット、乗馬用ズボンのジョッパーズ、ブーツ着用です。

National Costume

民族衣装

民族衣装でフォークダンスを踊る若者たちに遭遇。
フォークダンスというと、のどかなイメージがありますが、腕を組んだ男性が風車のように、
それぞれの片腕で女性を持ち上げてグルグル回すというワイルドさ！

ダンサー勢揃い。じつは、彼らは父母や祖父母が
ノルウェー出身の、アメリカ国籍の高校生たち。
今回は、イベントで特別に踊っていました。
本来、民族衣装の色や柄、デザインは、
ノルウェーの地域によって異なるそうです。

ダンスを踊っていたストリートの向こうは海。

✚ ノルウェーの民族衣装

　ノルウェーの民族衣装は、ブーナッド（Bunad）と呼ばれています。このブーナッドを着ている人を見る機会が多いのは、結婚式やお祝いごと、お祭などです。ノルウェーの王室の方々も、特別な行事のときには、民族衣装に身を包んで出席します。民族衣装は、やはり女性のもののほうが華やかで目を引きます。女性はベストとスカートに施された刺繍が、男性はボタンのたくさんついたベストと膝丈のズボンが特徴的です。

パワー炸裂のダンス後の
休憩タイム。

ヨーロッパの昔話に出てきそうな、
可愛らしいデザイン。
基本的に民族衣装は手作り、
オーダーメイドなのだそうです。
女性たちは白のブラウス、
ウールのベストとスカートにエプロン。
手刺繍の色鮮やかな花柄が素敵です。
腰には小さなポーチをつけています。

男性はお揃いの赤いベストで、さらに緑色の布があしらわれています。
ボタンのついた膝丈ズボン、ニッカボッカで軽やか。

襟元の飾りも凝ったデザイン。
十字には細かい彫り込み模様。

ニッカボッカには房がついていて、
踊るたびに揺れます。

COLUMN

デパートの民族衣装売り場

　民族衣装を着ている人が見られなくても、衣装に触れられる場所があります。それは博物館ではなく、デパート！ オスロの繁華街にあるグラース・マガジネット（Glas Magsinet）というデパートには民族衣装の売り場があり、さまざまなデザインのジャケットやスカート、ズボン、さらには専用の装飾品や帽子まで揃っています。

Railway Staff

鉄道員

天井が高く、広々としているベルゲン駅のホーム。

鮮やかな配色の列車から降りてきた車掌。スーツ姿です。

✚ 人気の鉄道路線の制服もチェック

　氷河の侵食によってできた、谷間に囲まれた入江の風景。自然の雄大さを実感させてくれるフィヨルドは、その姿を見るためだけにノルウェーを訪れる日本人が多いのも納得できます。フィヨルド観光にはノルウェー第二の都市で、この地方の観光ポイントとなるベルゲンから列車に乗り、さらにフロム駅で乗り換えます。この鉄道スタッフのダークカラーの制服は、雄々しい風景のなかを走る列車とどこか共通するような、質実剛健なイメージもあります。

車窓から見た渓谷の風景。

この人のジャンパーの配色は、
ノルウェー国旗を意識している
ものなのでしょうか。

ベルゲン駅にて。この制服の袖口には、白い2本のライン。
ネクタイはダークブルーに赤のラインが入ったもの。
全体的に落ち着いた雰囲気を醸し出しています。

ベルゲン駅に列車が到着。

男性のジャンバーには、蛍光シルバーのラインが入っています。

同じ制服でも、帽子に入ったラインの色が違うものも。

奥に見えるのが列車。こんな風景のなかを走ります。

自然が生み出したフィヨルドを見に、
世界中から観光客が集まります。

夏の風景もすがすがしいですが、紅葉のシーズンも彩り豊か。

撮影時の10月のノルウェーは寒く、スーツの上に防寒ジャケットを着る人も。

Norway

Railway staff

がっしりした車体が頼もしい。

COLUMN

ルクセンブルクの衛兵

ベレー帽にベージュのシャツ、カーキのズボン、編み上げブーツ。銃も携帯しています。

夏のためジャケットは着ていませんが、通常はズボンと同色の襟付きジャケットを着用するようです。

ちょっと珍しいロイヤルガーズ

　北欧ではありませんが、日本人が実際に見ることの少ない、ルクセンブルクの衛兵を紹介します。
　ルクセンブルクは、面積が神奈川県ほどの小さな国で、ヨーロッパ有数の金融大国として知られています。
　王国ではなく大公国＊（立憲君主国）なのですが、ロイヤルガーズの役割を果たす衛兵がいます。
　フランス、ドイツ、ベルギーに隣接するこの国の大公宮は、ルクセンブルク市の中心部にあり、建物の前には銃を構えた衛兵が立ち、警備をします。その姿を観光客も注目しています。

＊大公とは、ヨーロッパでは王の次に位置する称号。現在、大公国は世界にひとつ、ルクセンブルクのみです。

元は市庁舎だったという
大公宮はシンプル。
通りを隔てた向こう側には
レストランという
ロケーション。

門扉には、ルクセンブルクの国旗と
同じデザインが施されています。

ルクセンブルク市内の風景。中世の城壁と、
近代的な建物が同時に見えます。

市内の博物館には、昔の軍服の展示もあります。

本書で紹介したスポット

Sweden
スウェーデン

王宮（ストックホルム宮殿）
http://www.kungahuset.se
（スウェーデン語／英語）
衛兵交代は、月〜土が12：15、
日・祝は13：15となっていますが、
出発地・軍楽隊の有無は
その年によって異なるので
詳細は王宮のウェブサイトから
問い合わせを。

スカンセン野外博物館
→P58
http://www.skansen.se/en
（英語）

ノーベル博物館
→P60
http://www.nobelmuseum.se/en/nihongo

Denmark
デンマーク

アメリエンボー宮殿
http://kongehuset.dk/english/palaces/amalienborg（英語）
夏季のみ、土・日にガイドツアーあり。
4〜10月は見学可。
＊詳細はウェブサイト参照。

ローゼンボー宮殿
→P72
http://dkks.dk/english（英語）
衛兵交代は、通常11：30に
ローゼンボーをスタートして、
アメリエンボーへ向かう。見学可。
＊詳細はウェブサイト参照。

ホテル・ダングレテール
→P76
http://www.dangleterre.dk/en/
（英語）

チボリ公園
→P78
http://www.tivoli.dk（英語）
冬季は閉園。
ただしハロウィン、クリスマスなどの
特別開園期間もある。
＊詳細はウェブサイト参照。

Norway
ノルウェー

王宮
http://www.kongehuset.no
(ノルウェー語／英語)

衛兵交代は通常、月～金の
13：30から行われる。
夏季は王宮のガイドツアーあり。
＊詳細はウェブサイト参照。

グラース・マガジネット
➜P101
http://www.glasmagasinet.no
(ノルウェー語)

フラム鉄道
➜P102
http://www.visitflam.com/flam-railway/
(英語)

Luxembourg
ルクセンブルク

観光局インフォメーション
http://www.visitluxembourg.com/en
(英語)

北欧の旅に便利な鉄道パス

　日本からストックホルムやコペンハーゲンに飛行機で飛び、そのあと北欧数カ国を鉄道で回ってみようと考えている人におすすめなのが「ユーレイル・スカンジナビアパス」。デンマーク、フィンランド、ノルウェー、スウェーデンの4カ国乗り放題のパスです（二等車で、4日間使えるものから日数はさまざまで、それぞれ料金が異なる）。ほかには1カ国のみ、2カ国のみを選んで使えるパスも。

　また、北欧以外のヨーロッパの飛行機発着地から列車でヨーロッパ内を回るのなら「ユーレイル・セレクトパス」「ユーレイル・グローバルパス」などがあります。ただし、パスのほかに、座席予約が必要な場合があります。詳細はパスを取り扱っている代理店へ。この便利なパスは、日本からの購入となります。

●レイルヨーロッパ
http://www.raileurope-japan.com/

制服・衣装ブックス
北欧男子制服コレクション
2013年3月10日　初版発行

著者
石井理恵子

撮影
滝川一真

編集
新紀元社編集部

デザイン
倉林愛子

銅版画
松本里美

翻訳・取材協力
來 静

Special Thanks
林奈々子／桑野明子／ルクセンブルク大公国大使館／Armémuseum

参考資料
地球の歩き方 北欧（ダイヤモンド・ブック社）
UNIFORM（Armémuseum）
THE ROYAL LIFE GUARDS-DENMARK-SUMMERY

発行者
藤原健二

発行所
株式会社新紀元社
〒160-0022　東京都新宿区新宿 1-9-2-3F
TEL 03-5312-4481／FAX 03-5312-4482
http://www.shinkigensha.co.jp/
郵便振替　00110-4-27618

製版
株式会社明昌堂

印刷・製本
株式会社リーブルテック

ISBN978-4-7753-1088-5
©Rieko ISHII 2013, Printed in Japan

乱丁・落丁本はお取り替えいたします。
定価はカバーに表示してあります。